动物小镇的经济学 · 启迪孩子财商的故事绘本

贝壳变成了钱

芳飞翼 著　海润阳光 绘

北京出版集团
北京教育出版社

图书在版编目（ＣＩＰ）数据

贝壳变成了钱 / 芳飞翼著；海润阳光绘． -- 北京：北京教育出版社，2023.3
（动物小镇的经济学．启迪孩子财商的故事绘本）
ISBN 978-7-5704-4738-1

Ⅰ．①贝… Ⅱ．①芳… ②海… Ⅲ．①财务管理－儿童读物 Ⅳ．① TS976.15-49

中国版本图书馆 CIP 数据核字（2022）第 153557 号

贝壳变成了钱
BEIKE BIANCHENGLE QIAN
芳飞翼　著　　海润阳光　绘
责任编辑：张文超　　责任印制：肖莉敏

出　　版　北京出版集团
　　　　　北京教育出版社
地　　址　北京北三环中路 6 号
邮　　编　100120
网　　址　www.bph.com.cn
总 发 行　京版北教文化传媒股份有限公司
经　　销　全国各地书店
印　　刷　天津联城印刷有限公司
版　　次　2023 年 3 月第 1 版
印　　次　2024 年 3 月第 2 次印刷
开　　本　889 毫米 × 1194 毫米　1/16
印　　张　2.125
字　　数　25 千字
书　　号　ISBN 978-7-5704-4738-1
定　　价　25.80 元

如有印装质量问题，由本社负责调换
质量监督电话　010-58572844　010-58572393

序 ▼

当今社会，有很多年轻人沦为卡奴、月光族、借贷族，这种现象源于"财商"的缺失，智商和情商再高，缺了"财商"，可能成就越高，摔得越惨。

财商是与智商和情商同样重要的能力。培养一个能够正确看待和使用金钱，拥有理财思维的孩子，能帮助他们为将来拥有幸福的生活打下良好基础。

给孩子讲钱不容易。钱是什么？钱从哪来？为什么可以用它买东西？钱越多越好吗？有钱会让人快乐吗？这一连串的问题，该如何回答？怎么才能让孩子理解呢？《动物小镇的经济学·启迪孩子财商的故事绘本》用生动的语言、灵动的图画，把这些答案融入故事里。

我们知道，讲大道理孩子不爱听，但讲故事却能让孩子听得津津有味。这套绘本包括6个富有哲理的小故事，幽默诙谐，寓教于乐。

咕噜咕噜村和叽叽喳喳村想要交换物品，经过不断地尝试，他们终于找到了好办法。究竟是什么呢？看完《贝壳变成了钱》，可以请孩子来回答，动物们最后是如何解决的。

既然钱可以方便地换到东西，懒惰的乌鸦也想挣钱。一开始它把贝壳种在土里，渴望种出许许多多的钱，乌鸦会成功吗？钱到底从哪儿来呢？《乌鸦想挣钱》这本书可以告诉你答案。

如果钱多了，可以把钱存进银行，那么银行是干什么的呢？读完《野猪先生开银行》，你会知道为什么会有银行，我们为什么愿意把钱存进银行里。

我们要学会挣钱，也要学会花钱。《爱花钱的园丁鸟》这本书里，园丁鸟不停地拿出贝壳花，很快木箱里就只剩一枚贝壳了……这个故事告诉孩子：花钱要合理。

为了学习花钱，猴子还专门报了班。记账是管理零花钱的好办法，打开《猴子的记账本》，看看他是怎么做的。

野猪先生越来越有钱，变成富翁的野猪先生快乐吗？有钱了，我们该怎么办呢？野猪先生找到了答案。如果你也想知道，可以读这本《富翁野猪的烦恼》。

这套绘本用鲜活的形象，充满童趣的语言，风趣好玩的故事真诚地给孩子讲述了关于钱的多方面的知识。内容看似简单，却可能对人的一生产生深远的影响。如何与孩子谈钱，这套绘本一定可以帮到你。

经济学博士，副教授，硕士研究生导师　陈玲

动物小镇有两个村，一个叫咕噜咕噜村，另一个叫叽叽喳喳村。咕噜咕噜村住着野猪、野猫、马、羊、鸡、猴子、兔子、狐狸、獾……村长是一条诚实的大黄狗。叽叽喳喳村住着鹳鸟、乌鸦、麻雀、鹌鹑、猫头鹰、蜘蛛、蜜蜂、螳螂……村长是一只布谷鸟。

　　为了吃饱肚子，两个村的村民们都各自忙着摘果子、捕鱼、捉虫、种草、酿蜜……

在大多数的时间里，咕噜咕噜村和叽叽喳喳村的村民们各忙各的事，互不来往，遇见时也互不搭理，除非……

严重的时候，甚至会发展成一场"扔东西大战"。

"打扫战场"是非常辛苦的。

不过，也常常会有意外收获。

野猫期待着下一场"扔东西大战"。

鹳鸟也是。

可是，两位村长讲和了。

因为大黄狗村长也想戴一顶羽毛帽子，布谷鸟村长觉得鱼汤真好喝。但是打架的损失超过了收获。

所以，他们决定心平气和地谈一谈。

"来一场交换大会怎么样？"

交换就交换。时间、地点我来定！

想得美……

1, 2, 3, 4……

对于谈判结果，村民们还算满意。他们尽力搜寻可以用来交换的物品。

交换大会的日子终于到了。村民们都出动了，来到分界线。

两个村的村民第一次打招呼讲话，第一次弯腰问好，虽然也有小小的不愉快。

预祝首届交换大会圆满成功！

是我先到的！

没礼貌的家伙，让你知道是谁先到的！

交换开始了，场面真是热闹又和谐！大家得到了自己想要的东西，一个个美滋滋的。

现在流行丝织围巾。

交换真是一项了不起的发明，大家都很喜欢。

请勿过界！

天然无公害青草，
欢迎预订

为了下次的交换大会，村民们都铆足了劲儿准备东西。

啊！

此外，还有一些小小的不顺心。

天快黑了，有两位热情的交换者还没有回家。

哼，你也没好哪儿去!

你可真倒霉，白来一趟!

因为需求不同，所以直接的物物交换中经常会出现商品转让的困难。

好心眼儿的大黄狗村长耐心地听了野猫的哭诉。
长嘴的鹳鸟也向布谷鸟村长抱怨。
两位村长又相约好好谈一谈，大家一起想办法。

一只聪明的乌鸦碰巧路过。

他刚吃完一颗无花果，一边说一边往外吐无花果皮。

"呱——呱——没有人不喜欢无花果，如果我是鹳鸟，就把羽毛换成无花果；如果我是野猫，就把鱼换成无花果。用无花果去换东西，保准能换到！呱——呱——"

交换的确方便多了。

可是，乌鸦忘了一件事——无花果很容易烂。

无花果容易腐烂，看来需要寻找更合适的特殊的物品了。

问题还是没解决。

大黄狗村长写信把苦恼告诉了朋友老海龟。

亲爱的 海龟:

　　村子里最近出了一件事

　　　　　　　　　　说实话，我真不想

当这个村长了，谁爱当谁当，我想和你隐居在

大海边。

　　　　　　　　　　　　大黄狗敬上

老海龟非常善解人意。为了宽慰大黄狗村长，他寄来许多漂亮的贝壳。得到这么珍贵的礼物，大黄狗感动得哭了。

他决定好好珍藏。

关于贝壳的消息从咕噜咕噜村传到叽叽喳喳村。每个村民都想得到美丽的贝壳，哪怕只有一枚。

大家一看到大黄狗村长，就把他团团围住。
大黄狗村长突然想到一个主意。

贝壳体积小、价值高，容易携带，很合适充当用于交换的中间物，成为人类最原始的货币，后来人们把它称为钱。在汉字中，和钱财有关的字大多都和"贝"有关，比如：贡、财、败、贬、贩、贯、货……不过贝壳当货币也有麻烦，因为它容易破碎，后来，聪明的人类找到了比贝壳更合适的东西——金银和青铜币。金银和青铜币产生之后，又产生了纸币。

我的拐棍呢？谁看见我的拐棍了？

新规则出炉了！

一枚 🐚 =5条 🐟
一枚 🐚 =3捆草
一枚 🐚 =2罐蜂蜜
一枚 🐚 =10根羽毛（上等）
…… =2团丝线

　　咕噜咕噜村和叽叽喳喳村的村民都以拥有
一枚贝壳为荣。

　　交换大会上，贝壳成为最受欢迎的物品。

有的村民甚至为此改了行。

走一走，看一看，这里的香蕉最美味！

大黄狗村长给海龟写信，让他再邮寄一些贝壳过来。

亲爱的海龟：

我觉得当村长还不那么令人难受。所以，上次提的去大海边陪你的事，以后再说吧……再来一些贝壳吧。

大黄狗敬上

读后感

心心 4岁

▶《贝壳变成了钱》

看了这个故事，我也想有好多贝壳。不过我有好多硬币，装在存钱罐里。我可以用它们换来好多漂亮的贝壳。

▶《乌鸦想挣钱》

这只乌鸦原来很懒，后来它发现贝壳是钱，于是就努力工作。它很聪明，足智多谋，就像《乌鸦喝水》里面的乌鸦一样。它用自己的点子帮助了别人，自己也挣了更多的贝壳。我希望长大以后，也能像这只乌鸦一样聪明，用自己的智慧去帮助大家，也帮自己挣更多的钱！

陈嬿茜 9岁

宋易阳 11岁

▶《野猪先生开银行》

读了《野猪先生开银行》这本书，我知道了银行的来历。有了这些知识，银行对我来说不再神秘。野猪能成为大银行家真是了不起！我在想，野猪将来会不会把银行开到更多的地方呢？

▶《爱花钱的园丁鸟》

乱花钱不是好习惯！花钱要有计划。我特别喜欢布谷鸟村长，它特别有爱心，收留了园丁鸟太太。园丁鸟太太后来也变了。我以后买玩具也要有计划。

笑笑 5岁

李晗宇 6岁

▶《猴子的记账本》

哈，真好玩的故事。我好想有一个小猪存钱罐啊，这样就能把我的零花钱都存起来了。对了，我也要像猴子一样，学会记录，期待年底能用零花钱买我心爱的玩具。

▶《野猪富翁的烦恼》

野猪有钱了，可是它不快乐，帮助别人才能快乐。

南灏尊 4岁

小朋友，读完这几本书，你有什么想法和收获呢？也来说一说，写一写吧！